2010

「調弦　朝」

いせひでこ・絵

わが子からはじまる
クレヨンハウス・ブックレット　005

目を凝らしましょう。見えない放射能に。

うのさえこ

クレヨンハウス

福島原発震災が起きて3ヶ月が経ちました。
この3ヶ月、すべてのひとが、
ひとりひとり、懸命に生きてきました。

目を凝らしましょう。
見えない放射能に。

大気中に放出された
放射性物質は
77万テラベクレル、
チェルノブイリ事故の約7分の1。
広島原爆約４７０個分の
セシウムが
環境中に

解き放たれてしまいました。
そして毎日、
空へ、
海へ、
大地へ、
大量の放射能が流れ出ています。
それは生きものに入り込み、
蓄積しています。

目を凝らしましょう。
いま、
いのちを削りながら
必死の作業を続けている
ひとたちがいます。
作業員の被ばく限度は
これまでの5倍に
引き上げられました。
線量計も足りず、

内部被ばくの検査もされず、
大量の被ばくを強いられ、
恐怖と疲労のなかで、
わたしたち社会の命運を懸けて働くひとたち。
愛する息子が
きょうも原発事故の現場へと
家を出て行くのを、
たまらない気持ちで
見送る母親がいます。

目を凝らしましょう。
いま、たくさんのひとびとが、
被ばくを強いられて
生活しています。
チェルノブイリ事故後、
強制避難区域となった地域と
同じレベルの汚染地域で、
ひとびとが

普通の暮らしをするようにと
求められています。
あかん坊も、
子どもたちも、
放射線を浴び、
放射性物質を吸い、
飲み込み、
暮らしています。
学校に子どもを送りだしたあと、

罪の意識にさいなまれ、
涙を流す母親がいます。

大人たちは、
子どもたちを守るための方法を
必死に探しています。
年間20ミリシーベルトという途方もない値。
親たちは教育委員会に行き、
県にも市町村にも、

そして文部科学省にも行き、
不安を訴え、
子どもたちが
被ばくから守られることを
求めました。
自ら放射線量を測り、
校庭や園庭を除染しました。
防護のための勉強会を開きました。
給食は安全なのか、

プール掃除は、
夏の暑さ対策は、
これまでの内部被ばく量は……
考えつく限りのことをやっています。
子どもを疎開させた親もいます。
情報が錯綜するなか、
家族のなかに、
地域のなかに、
衝突や不和が生じています。

耳を澄ましましょう。
あかん坊の寝息、
子どもたちの笑い声に。
この世界を信頼し、
裸で産まれてくるあかちゃん、
世界のすべてを吸収して
日々成長する子どもたち。
わたしたち大人は

それにどう応(こた)えるのでしょうか。

耳を澄ましましょう。
木々のざわめき、
かぐわしい花に集まる虫たち、
海を泳ぐ魚たち、
山や森に暮らす動物たち……
生きとし生けるものすべての声に。

耳を澄ましましょう。
まだ生まれぬ
いのちたちのささやきに。
わたしたちのいのちが
希望を託(たく)す
このちいさな声たちが
なんと言っているのか、
聞きとれるでしょうか。

耳を澄ましましょう。
生きている地球の鼓動（こどう）に。
わたしたちは、
動く大地の上に街を建て、
一瞬（いっしゅん）のいのちをつないで生きてきました。
次の巨大地震（じしん）はいつ、
どこに来るのでしょうか。

耳を澄ましましょう。

自分のこころの声に。
わたしたちの故郷(こきょう)は
汚(よご)されました。
もう二度と、
3月11日以前に
戻(もど)ることはありません。
海にも空にも大地にも、
放射能は降(ふ)り注ぎました。

わたしたちは
涙を止めることはありません。
こんなに悲しいことが
起きたのですから。
こころから泣き、
嘆き、
悔やみ、
悼みます。

わたしたちは涙を恐れません。
わたしたちが恐れるのは、
嘘です。
幻想の上に
街を再建することです。
ひとびとが被ばくし続けることです。
そして
声なき無実のいのちたちの未来が、

失われていくことです。

わたしたちは
変化を恐れません。
恐れるのは、
悲劇を直視せず、
悲劇を生み出した社会に
固執し続けることです。
大きなもの、

効率、
競争、
経済的利益、
便利さ……

そうしたものを、
わたしたちは問い直します。
科学も数値もすべて、
わたしたちのいのちのために
奉仕するべきであって、

逆(ぎゃく)ではありません。

わたしたちは、
別のあり方を求めます。
無数のいのちの
網目(あみめ)のなかで生きる、
わたしたち人間のいのちを守る、
別の価値観(かちかん)と社会を求めます。
わたしたちのなかの「原発」に、

わたしたちは気づいています。
わたしたちはそれを、
乗り越えていきます。
わたしたちは
声をあげ続けます。
わたしたちは、
行動し続けます。
人間性への深い信頼を抱き、
限界なく、

ORGANIC LIFE
子どもが育つ かぞくも育つ

免疫力アップで子どもを守る！
月刊
クーヨン
子どもが育つ かぞくも育つ オーガニックな 育児雑誌
2012 1
いまこそ元気が大事です！
「負けない」からだづくり
子どもが いるとこ み〜んな かぞく！
整体、ロミロミ、アロマテラピーで「ふれあって元気に」
コウケンテツさん、日登美さん、かるべけいこさん家で「風邪をひいたらつくるもの」
やっぱり気になって、知りたくて……「放射能と給食」ある保育園の取り組み
あんよの前にたっぷりと「はいはい」ってすごい！
ワタナベマキさん まごわやさしい「おせち料理」
のびのびかぞく
NUUさん

子どもの本の専門店クレヨンハウスの育児雑誌
[月刊クーヨン]
毎月3日発売　A4変型　112 P　980円（税込）
全国の書店でお求めいただけます。

特集
あかちゃんから６歳の子育てかぞくに！
のびのび子育てを応援する大特集

ーこれまでの特集ー

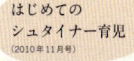

はじめての
シュタイナー育児
（2010年11月号）

かぞくが元気になる
台所処方箋
（2010年10月号）

そうだったんだ、
叱り方！（2011年4月号）

これからの幼児教育
（2011年10月号）

連載

もう、ひとりで悩まないで！　クーヨンは、
たくさんの連載でみんなの子育てをサポートしていきます。

からだ

「亮さんの整体ばなし」
整体ボディワーカー・山上亮さん
子育てに役立つ、こころとからだの話や「手当法」。

暮らし

「日登美の夕べコト」
モデル・主婦研究家・日登美さん
4人の子どもとたのしむ季節の食卓レシピ。

おやつ

「身土不二のおやつ」
自然食料理家・かるべけいこさん
手軽につくれるオーガニックなおやつレシピ。

子育て

「りゅうのすけ日記」
モデル・田辺あゆみさん
葉山でのびのび子育て。ヒントがぎゅっとつまってます。

絵本

「絵本town」

パン屋さん、遊園地……街をテーマにロングセラー絵本を紹介！

わらべうた

「わらべうた」
和光大学准教授・後藤紀子さん
みんなでたのしめる、むかしながらのあそびうた。

おもちゃと雑貨

「new family」

贈りものにもぴったり。

オーガニックなグッズの紹介。

エッセイ

「女の啖呵」
作家・落合恵子さん
時を越えて伝えたい、さまざまな女性たちの声。

郵便はがき

料金受取人払郵便

渋谷支店承認

7750

差出し有効期間
平成25年8月
31日まで

（上記期日までは、
切手は不要です）

150-8790

201

東京都渋谷区神宮前5-3-21-2F

クレヨンハウス編集部行

お名前：ふりがな 年齢（　　　　）
ご住所：〒
本書を知ったのは？　□クレヨンハウスのホームページ、メールマガジンで □書店の店頭（　　　　　　　　　　）で　□インターネット書店（　　　　　　　　　）で □[月刊クーヨン]で　□その他（　　　　　　　　　　　　　　　　　　　　　　　　）
本書を購入したきっかけをお教えください。
E-mail：※今後小社からのメールによる案内等をお送りしても差し支えなければお教えください。

※このハガキは、統計資料の作成に使用させていただきます。
個人情報の安全な取り扱いには充分配慮いたします。

わが子からはじまる
クレヨンハウス・ブックレット005

『目を凝らしましょう。見えない放射能に。』

この本のご感想をお聞かせください。

※お書きいただいた内容を、小社の出版物のＰＲ資料やホームページなどで、掲載ご紹介させていただく場合についておたずねします。以下の項目に、印をつけてください。

□掲載不可

□掲載可（その際は、□名前　□ペンネーム ＿＿＿＿＿＿＿＿＿＿ □イニシャルとします）

――――ご協力ありがとうございました。――――

クーヨンから生まれた本です。

シュタイナーの
子育て

シュタイナーの子育て

定価1,575円
ISBN:978-4-86101-140-5
シュタイナーの思想・教育法・ライフスタイルを分かりやすく解説。子育てのヒントがこの1冊に。

あかちゃんからの
自然療法

あかちゃんからの自然療法

定価1,470円
ISBN:978-4-86101-147-4
病院へ行く前にできる、ホームケアを幅広くご紹介。子どものからだの見方のヒントにも。症状別インデックス付。

のびのび子育て

のびのび子育て

定価1,575円
ISBN:978-4-86101-158-0
世界の教育者6名の考え方を一挙に紹介。フィンランドをはじめ北欧の子育てレポートや、今注目が集まるユニークな教育法も掲載。

おかあさんのための
自然療法

おかあさんのための自然療法

定価1,470円
ISBN:978-4-86101-171-9
ハーブやアロマなど植物の力をかりて、こころと体を整える、女性のための自然療法を幅広くご紹介。

ナチュラルな
子育て
だっこ
おっぱい
布おむつ

ナチュラルな子育て

定価1,470円
ISBN:978-4-86101-178-8
出産前、0・1・2歳の時期に知りたい、だっこ・母乳・布おむつをはじめとし、ナチュラルな子育ての入り口になる情報を網羅。

モンテッソーリの
子育て

モンテッソーリの子育て

定価1,470円
ISBN:978-4-86101-184-9
子どもの自主性が育つと評判のイタリアのモンテッソーリ教育。教育法、暮らし、おもちゃ等をビジュアルたっぷりに紹介した1冊。

日登美's Day
子どもとつくる
シンプルな暮らし

[月刊クーヨン]2010年9月号増刊
日登美's Day
子どもとつくる
シンプルな暮らし
定価1,365円

女性のための
ナチュラル・ケア

[月刊クーヨン]2011年3月号増刊
女性のための
ナチュラル・ケア
定価1,575円

親がラクになる
叱らないでOK!な
子育て

[月刊クーヨン]2011年9月号増刊
叱らないでOK！な
子育て
定価1,260円

子育ての本

おうちでできるシュタイナーの子育て
定価1,050円　ISBN：978-4-86101-151-1

シュタイナー教育の基本は「家庭」にありました。おうちで実践できることを分かりやすく紹介したハンディサイズの入門書です。

シュタイナーのおやつ
陣田靖子／著
定価1,680円　ISBN：978-4-86101-150-4

卵・さとう・牛乳を使わずに、穀物をつかった素朴なおやつレシピが50種。玄米菜食&米粉の料理研究家が、シュタイナー教育の視点からまとめました。

キンダーライムなひととき
としくらえみ／著
定価1,890円　ISBN：978-4-86101-062-0

シュタイナー教育をベースにした、あそびと暮らしの提案。季節のリズムを感じながら、親子一緒に手づくりのあそびを。

子どもがつくる旬の料理①春・夏
坂本廣子／著
定価1,680円　ISBN：978-4-86101-005-7

1歳から包丁を！手順がカラーイラストなので、たのしく、わかりやすい。総ルビつきで、子どもが自分で見てつくれます。

子どもがつくる旬の料理②秋・冬
坂本廣子／著
定価1,680円　ISBN：978-4-86101-006-4

季節を感じるオーガニッククッキングの主役は子ども。旬の食材コラム&「食育」コラムは、大人が読んでも納得！

子どもがつくるほんものごはん
坂本廣子／著
定価1,890円　ISBN：978-4-86101-082-8

だしをとる、ルーなしでカレーをつくる、魚をさばく…「ほんもの」の調理を、子どもがひとりでできる秘密とは？

旬のおやつ
梅﨑和子／著
定価1,890円　ISBN：978-4-86101-088-0

日本の風土や季節に合わせた食の知恵満載の、おやつ34点。素材の力を生かした「食養生」レシピで幼児の健康づくりを。

うん このあかちゃん
長谷川義史／著
定価1,680円　ISBN：978-4-86101-067-5

絵本作家・長谷川義史さん家の出産絵日記。病院で、助産院で、自宅出産で…3人分のお産エピソード集！

たのしい子育ての秘密
金盛浦子／著
定価1,260円　ISBN：978-4-906379-98-9

"よい"加減の子育てが、子どもも親もラクなんです。臨床心理士からの、女性たちを「ホッとさせる」メッセージ。

わがやのホットちゃん
にしむらあつこ／著
定価1,365円　ISBN：978-4-86101-191-7

絵本作家ならではの、ゆったりのテンポで描かれる育児絵日記。1～6歳の成長記録は、出産祝いにもオススメ！

整体的子育て
山上亮／著
定価1,260円　ISBN：978-4-86101-173-3

子どもの手当てはもちろん、大人がリラックスするコツも。「育児に余裕が生まれる」と、評判の1冊。

整体的子育て2
山上亮／著
定　価1,260円　ISBN：978-4-86101-194-8

からだとこころの両面に効く、すぐに役立つ具体的な内容が満載！ 子どもとの向き合い方がわかります。

※クレヨンハウスの本は、全国の書店様でお求めいただけます。在庫がない場合でも、送料無料で取り寄せが可能です。
クレヨンハウスe-shopでもお求めいただけます。▶http://www.crayonhouse.co.jp

クレヨンハウス　〒150-0001　東京都渋谷区神宮前5-3-21 2F

つながり続けます。

再（ふたた）び、目を凝らしましょう。
未来の世界に。
ひとびとが
放射能におびえることなく、
被ばくを強いられることもなく、
地球という自然に調和し、
つつましく豊（ゆた）かに暮らす世界の姿（すがた）に。

きょうみなさんと歩む
一歩一歩の先に、
そうした未来があると
信じています。

※本書は、2011年6月11日、広島・原爆ドーム前にて行われた「脱原発100万人アクション」での、うのさえこさんのスピーチを推敲し、まとめたものです。

2010・ISE

「調弦　夜」 いせひでこ・絵

注釈

※12月19日現在の情報です。

うのさえこ

この文章には、いくつかの数値やそれに関わる表現が出てきます。これらは、現実に進行中の出来事をわたしたちが理解するための手がかりとして、選んで使ったものです。それは何を示し、何を示していないのか、どのように算出されたのか、実際どのように使われ、どんな状況をもたらしているのか、数値の向こう側にあるさまざまな現実を見ていかなければなりません。ここでは数値に関する最小限の注釈をつけましたが、それは「数値」がほかのことばや事柄よりも重要だからではありません。数値に限らず、この文章で出会った見慣れぬことばや事柄についての疑問は、お読みくださったあなたが、さらに情報を求め調べていただけたらと思います。そして、いのちの未来をつなぐために、何をなすべきかを考え、行動することへとつなげていってください。

P5　77万テラベクレル…3月11日から16日の5日間に、福島第一原発から大気中に放出された放射性物質の総量として、経済産業省原子力安全・保安院が6月6日に発表した値。ただし、セシウム137とヨウ素131を、ヨウ素131に置き換えて計算したものであり、プルトニウムやストロンチウム、その他大量の放射性希ガスなどは、ここに含まれていない。その後放射性物質の放出は止められず、12月現在、東電は、毎時約6千万ベクレル（1日に14億4千万ベクレル）を放出中であると発表した。大気への放出に加えまた、海と地下への膨大な放出量を考えなければならない。いまなお続く福島原発からの総放出量はどのくらいか、知るひとはいない。

P5　チェルノブイリ事故…1986年、旧ソ連のチェルノブイリ原子力発電所で起きた爆発事故。事故から5年後、ウクライナでは放射能汚染地域での健康悪化が問題となり住民を移住させることを最も重要とし、法律を制定した。18・5万ベクレル／㎡以上の地域の住民には避難権利を、55・5万ベクレル／㎡以上を強制避難地域とした。福島原発震災発生後、日本でもこれらの汚染レベルを超える地域が多数発生し、住民はチェルノブイリの経験を踏まえた救済策を求めている。

P7　作業員の被ばく限度…放射線業務の通常時の被ばく線量限度は50ミリシーベルト（以下ｍＳｖと表記）／年かつ１００ｍＳｖ／5年と規定。非常時は従事期間は定めず上限１００ｍＳｖとしている。3月14日、政府は非常時の被ばく線量限度を２５０ｍＳｖに引き上げた（11月1日、もとの１００ｍＳｖに引き下げ）。6月には作業員2人がこの上限を大幅に超えて被ばく（最大６５０ｍＳｖ以上）。作業員の被ばく管理強化を求める声が高まっている。また１９７６年以降、白血病などで労災認定された原発作業員10人の被ばく量は平均約69ｍＳｖ。

P11　年間20ミリシーベルト…一般のひとが浴びる放射線の許容量は法律で年間1ｍＳｖ（自然放射線を除く）と定められているが、原発事故後、守られない状況が続いている。とくに大きな問題となったのは4月19日、文部科学省が学校や幼稚園など教育機関の施設や校庭の利用判断基準を20ｍＳｖ／年としたこと。しかしその後、成人よりも放射能被ばくの影響を大きく受ける子どもの健康影響を懸念する声が高まり、国内外からの批判、内閣参与の抗議の辞任などを受け、8月26日、目安を下げるよう通知された。一方、経済産業省は、年20ｍＳｖを基準として、「計画的避難区域」を設定し、さらに「特定避難勧奨地点」の指定を行っているが、子どもや胎児も一律にこの基準を適用することに対し、批判が集まっている。

ベクレル…放射性物質の量を表す単位（テラベクレル＝兆ベクレル）。

シーベルト…放射性物質の人体への影響の程度を表す単位。

※このページで表記する日付について、とくに表記のない場合は２０１１年とする。

（監修／原子力資料情報室）

あとがき

うのさえこ

今朝、ここ福岡県福津市にもはじめて雪が降りました。自転車をこぐわたしのうしろで娘が歓声をあげました。「やったあ、雪だぁ！　もっと寒くなれぇ、もっと降れ降れ！」そして「ゆーきやこーんこん……」と元気にうたいだしました。幼い歌声を聞きながらいつしか、わたしは涙が止まらなくなりました。

あの日も、こんな天気でした。底冷えする空気、灰色の空。3月11日、大きな地震が街を襲い、余震が続くなか、原発メルトダウンの危機を知ったわたしたちは、とにかく子どもたちを遠くへ、と緊急避難を決断しました。震災発生から約10時間。車に乗り込む直前、見上げた黒い空から、ちらちらと白い雪が、頬に舞い落ちました。

その後、避難先から懸命に情報を集め、友人や隣人たちと連絡を取り続けました。福島では、大変なことが起こっていました。悪化の一途をたどる福島原発から放出された死の灰は、風に乗り雨と雪になって降り注ぎました。情報は隠され、必要な対策はとられず、ひとびと

2011年6月11日。広島市原爆ドーム前のスピーチのようす。